How to play

THE BASICS

Sudoku is one of the great puzzle games as it is easy to learn, yet challenging to master.

The rules are simple: each of the nine blocks making up the 9-by-9 grid has to contain all the numbers 1 to 9 within its squares. Each number can only appear once in a row, column or block.

Each vertical nine-square column, or horizontal nine-square line across, within the larger square, must also contain the numbers 1 to 9, without repeating or omitting any numbers.

THIS BOOK

We have split this book into sections based on difficulty: Easy, Medium, Hard, and Expert.

You can find the answers to all the puzzles at the back of the book.

STEP-BY-STEP

There are four easy steps to mastery of sudoku, which we have highlighted in the diagram below:

1. Only include the numbers 1 through 9 in each block, row, and column.
2. Don't repeat any numbers in each block (magnifying glass below), row (label B), and column (label A).
3. Don't guess!
4. Use a process of elimination to work out your next move.

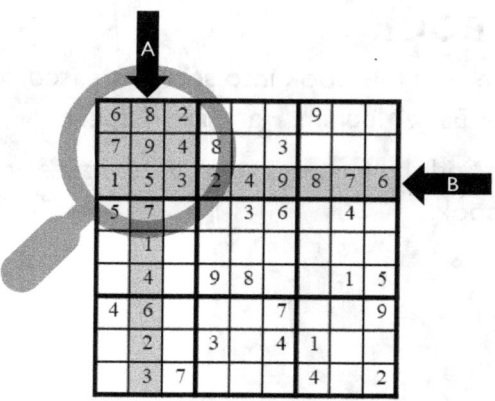

1

	4	6			5			
				3		5		
		7	1		2	3	8	
1							2	4
5	2							9
			7		9			
			3			6	7	
	8	4	6		1	2		
		1		9				

EASY

2

				1		4	5	2
3			7				6	
	6				4			
1								
		2			6	7		3
	5						2	
	2			9				
7	1		3	6				
8	9		4		2			7

EASY

3

		5			4		2	
	2		7	8		3	5	
8								6
3						5		7
		7		6	3			
1				9				8
		1			5		8	
	7			4				
	5	9			6	7		

EASY

4

		7				2		6
	6	1		2	7	5		
9			1		8			7
	8	6		4		1		3
				5			2	
4	7			1	6			9
6				9	1			5
2	5		7		3	4		
		8				9		2

EASY

5

		2	5			9		
				8				6
8	7				9	5	1	
				1			5	7
6		1	7					
4				3				8
		5	3			8		
		6	4		5		7	
2					7			

EASY

6

	3							4
	6	7				8		
1		5		3			7	
				5				
	8	9	4			6		
5	4	1			2		3	
				8				7
					5	3		2
		8		6				5

EASY

7

		6		4				
3			7			9		
	7		3		8		5	6
5						8		4
		1		6				2
		8		5	3			
1			6			3		
	5							9
2	3				5	4		

EASY

8

4	8		2					7
		6		4		5	1	
	3		5	6			4	
	5							1
1	9		4		3		5	6
7			1	2			8	
3		8	7	9		4		5
	2	7		1		8	3	
					8			

EASY

9

		7	1		6		5	
5	3			8				9
	4		5				7	6
						3		
4		3		6	5		2	8
	9	8	4		3		1	
1	2		6	7		4		5
	6		1					
8			3				9	1

EASY

10

4	6							3
	2					4		7
			2		9			
9		8			5			
		4	3		8	1	6	
				2			3	
1		5	4		3		9	
			7			6	8	
		7		5				

EASY

11

		4						3
	2			4			6	
			3	9	1	5		
		9		1				
1			6		2			4
	5							
	7	8			6		3	1
	6	5				4	2	
		1						8

EASY

12

	4				8		2	9
2		7	6			3		8
8			3		7			
	5	8			4	2		7
7		9	2		1	5		
				3				6
	7				6	4		2
	3	6	5				8	1
9			4		3			

EASY

13

	9				3		1	
	2						3	
7	6							9
							9	
		7	8	9	5			6
1			3		4	8		
		2		5	9		7	
	8		7					
3			1		2			

EASY

14

	7		5			1		
			7		8		6	
		8				5		9
	6	5		1				2
2				6	4	8		
						7		
	4	3		7				5
			1		3		8	
7	5					9		

EASY

15

9				2		8	7	
		3	7		5			
	4					9		2
4	9						3	
		1	3		2			
	5				9	2		
	2							
	3		8	1				6
6				5		1	9	

EASY

16

	4	7		1				
	9			6	7	4		1
		1	3				6	2
4								9
	6	5		7	2	8		
		3	8		1	6		7
	3	4		2				
	8		4		9		1	5
		9	7			3		6

EASY

17

	7			9		1	6	
3							7	9
		2	1		4			
		8	2		9			
4					7		9	
7	3					2		
9								
2			6	8				5
	5			4		7	8	

EASY

18

	4		1				8	
		9				2	7	3
2				8				
	1	8	4	9				
6				3				
3	2		5	6				4
			9					
				7			3	
8					3	4		1

EASY

19

6	9		5	1			7	3
5		8		2		9	6	
					6			
		9	3	4		7		
	7	6	8					5
4				7		2	3	
	5		2	8		6		
		3						2
	2	1	7		9	3		4

EASY

20

	6	8	2		7		4	3
		9		1	6	2		7
7								
				4			9	
	9	1	6			7		
2	3		9	8		4	5	
	1		3	7			6	
		3			5	9		4
	4	5		2		3		

EASY

21

		7	8		4	1		
	5		7	2			4	6
	2	6					7	
		5	4	1		6		
	1	2					8	
	9		3		7	2		5
2			5					
	4	3		9			6	8
		1	6	4		9		7

EASY

22

					4		8	
			9	6		2	7	
		2	1		8	3	4	
8							5	
	2	9			6			8
						7		
6			2			9		
5	1	8		7				
					1		6	

EASY

23

		6	8	4				
5						2		3
	8		7		2		4	
		4						
		5		1		7	9	
	1		9		8		3	
	6	8			5			
9						5		4
		3	4					8

EASY

24

3	6			1				7
		9	3					
	1			2	5			9
	8				4		2	
	4	1		7	6			
						1	5	
6	2		5	3				
7				8		2		
						4	9	

EASY

25

					4		8	7
	5	9		2	7			3
	2		1					
	7	5		6				
			4					6
	8			3	2		9	4
6		3				1		
				1	8			
2						5	3	

EASY

26

		8	9				7	6
	2						9	
		7		4				1
			7		9	3		
	8	3						9
	6				4	1		
9	4		3	7			5	
					8	4		
		2		5				7

EASY

27

	4					3	5	
2				4				
	9	8		2	7		6	
			3		9			8
			1			9		4
	1	6						
		2		5	6			
	8	5		9		7	3	
1							8	

EASY

28

		5				6	4	
1		2	8	3		7		
	3			5				
			2		4			1
				9			2	5
7		9						
6		1		2		4	8	
	9					1		
3			7	6				

EASY

29

			9	2				
7		4				2		
3						6		4
					5		7	
	9		3	4			5	1
	8	6		7				
	6	1	8	3			4	
			5				8	9
	3				2			

EASY

30

7	8			4	2		6	3
3		6		1		5		2
			3					
	1					8		
		3		5	1		2	
	9	8	6		7	4	1	
8		1		7				9
	2				5	3	7	
		7		9	8	6		

EASY

31

5				2		9		
		1			9			
	3					8	4	1
		9	4				2	5
					8	4		
				3				
2	9			5	3			
1		4		6	7		5	
		7			4			

EASY

32

		2		4	3	8		
	9							
7			2					
			7	1	2			9
8						1		
	3		8				4	
9	4						3	8
2						6		
6	5				4	2	1	

EASY

33

	8			2	3	9		4
			4					6
5	7				6			
				4		8		7
9	5			7	2			3
	2		1					
				8	1			
3		6					1	
		2				3	5	

EASY

34

6	3	7			4		5	
1	2		6			8		
				7				
5								6
8	9					1		
	7	3		5			9	
					7	5		4
				1				9
	1			8				7

EASY

35

	7	6		2	1	5	8	
	1			6				
		4			3	1		9
		5		8		6		7
6		1	7					5
	3			4	5	9		
							4	
4		8	3	9				1
5	6		4		8	3		2

EASY

36

4			9		3		8	
	3	7	8	1		6		
	8					1	7	
	9					4	1	
1		6	2		8	5		
7			3	4			6	
5		8	7	3			4	
			6					1
	7	9		5		3	2	

EASY

37

2	7	3			9				
						2			8
	8		4					1	
								9	
	3								7
4		1			8	3			
		4	2		3			5	6
			1	8				4	9
					6				3

EASY

38

					8			
3		8		1			9	7
	5	4	7	2		3		8
4			5	6			3	
	7		9			4	8	
1		5		4				6
8			1	9		7		
	1						5	
5	6		4		3	1	2	

EASY

39

7		6		5	2		3	9
						2		
	5	2	4		9		1	
9			2	6				4
	1	7			8		6	
	6		5				8	7
	2			9			4	1
1			7					
8	7		3	1		5		6

EASY

40

	1	9	2				8	
3				4	8			6
	8			7			2	9
						4		
9		8	4		7		5	3
	7	4	3	6			1	
1				9				
	4				3		6	1
2	9			5	1	7		8

EASY

41

						1		2
3		9		8	4			
		6			5			8
		7		4	9		5	
9			1					
	3	8		7			1	
						3		7
	2			6		8		
	4	5	7	2				

EASY

42

	9			1				6
8				5	6			7
					8		3	
2	6				4	8	9	
	4			6				3
		7	9					
				8			7	2
6		8	2					
		9	1				5	

EASY

43

	6		2		5			
5	4		9			2	6	
		1			6		7	4
				2			9	
7	5		4		3	8		
6		8			1	4	5	
		5			9	1	4	
9		2	8				3	6
	7		1		2			

EASY

44

8	5		2			7		4
					5			
	9	6	1	4			8	5
6		3		9	8	1	2	
		2				6		
5			7	2			4	
2	6		9					3
		4		7		5	9	
9			3	6		8		

EASY

45

			1		6			
8	3					2		9
	4		8					5
3	9			4				7
		6				9		
7				6			2	8
5					8		1	
1		7					3	4
			7		2			

EASY

46

			7				1	
4		5						9
8			2	6		7		4
3							9	
9		6	5			8		7
			4	2		3		
	2	8			7			
	1			8	3			
						1		5

EASY

47

	6		9	5		4		
3		9		4	7			2
		4				3		7
4	1			3	9	6		
5		3			1	8		9
				2			7	
	3			9	6	2		
		5				7		6
2	7		4	8				1

EASY

48

	6	1				7	9	
				4	8			
		2			6	3		
	1	7	2			5		
4							7	
	5		4			6		9
5	8					2		1
	3			6				8
				9	5			

EASY

49

	3	5			1	9		4
			3					
7	6			9	2	3	5	
8		7	5	6			1	2
1								7
		3		1	4		9	
		6		7	8			5
	7	1			6	8		
9				4			6	3

EASY

50

	4		9			1		5
1	8			7			2	9
9			8	2				
					2			7
8		5	3	1			6	
	6	9	4				1	8
	2	7		6		9		3
	8		7				4	1
5			2	4				

EASY

51

9				5	1			2
3				7				
		7	2					
	7		4				8	
4				6	9			1
	1							3
			1	2				8
		1			3		9	
7					8	4		

MEDIUM

52

				4	1			6
					2	4		
8		9	6		7			
1	5	2				3		
	6						4	
							5	
3				5	4		7	1
7	1	6		2				

MEDIUM

53

2				4				
4	7		1				3	5
					5	4		7
5					3		6	1
	4		2	8				
			6				9	3
		9	3					4
	5		9		1	7		

MEDIUM

54

7						1		
1	4		8		2		9	
				1	4			2
			6		8		3	
	6				1		8	
	2			4			6	9
	1					5	7	
2			3		9			8

MEDIUM

55

			6					
	4			8			7	
	7	1				8		
7				4				
4	8		7		2	3		
	2				6	9		
		7					5	
	3		2	6	9		1	
8				3		2		

MEDIUM

56

					5	2		
	1	8			2		6	
6				4		9		
2		3			4			
	5			1				2
	4		6				9	
		9					5	
	2	7			3		1	
3								9

MEDIUM

57

3					1	6		
8						3		1
1		4		7			9	
2	5			6				
		3	7			4		8
	6		2					
4			6	9		7		3
		7				9	6	

MEDIUM

58

5		6				4		
					9			
		1	4		8	3		7
1	5						6	
		4					8	3
2		8				1		
3			6	9	4		1	
					2	9		
	7			3			4	

MEDIUM

59

7								
				8	9	3		
		3			5			9
2	4	7			1			8
				9				6
		1	3			2		
	7				2	4		
9	2		5		3	1		
		5	9					

MEDIUM

60

2			7		1		5	
4						2		
	9			5		8		
			8				4	
				3				8
3			6		2		1	
	1				4			2
		5			9		8	
9			3	2				

MEDIUM

61

	5					3		
		6	8	5				
2			6		1	5	8	
3	9						5	
		1	2		7	6		
1			5					4
4		2		8			6	
7			1		4			

MEDIUM

62

	3			5				2
					4		8	
6	9	2	3				1	
	5		7				4	
			4		1			5
		9						
2		4	5	7				3
9			2					6
	7			4				

MEDIUM

63

	5			3			1	7
7		9						4
		2			7			9
4		1	3				9	
				2		6		8
			8			2		
	2	5					3	
9		3	2	5				1

MEDIUM

64

		6	9			2		
		1	2	4		5	7	
					7		4	
		5				4		3
	4				5	7		
				9				
	3		6	2	9	1		
	8							4
		2			1		5	

MEDIUM

65

	7	6						8
		4				2	1	
1							3	6
			9					
7	5		6		8			1
8							2	4
9			3					
		1	8	9	4		7	
		8		7		5		

MEDIUM

66

		9	3		2		1	
	7		1					
				4	8		6	3
2		4				5		8
		6						4
	9	5						
	4	3	6	8				
5					3		4	9
				9				7

MEDIUM

67

		9	5		6		1	
4	2					6		9
5			3					
			6					2
						5		1
			4	1			8	6
	7					3		
6		4	9		2			
	9	8			7			5

MEDIUM

68

6	1	2		5				9
	5		3					6
8							1	
			7	9				2
				8	4		9	
					6	5		4
4		6			9	3	5	
				7	2		6	
1								

MEDIUM

69

	2			7		1		
	9				3			4
5		4	2					
8	4		5			3		
		5						1
1						9		
		7			2		1	
			9				4	
6	3		4			7		

MEDIUM

70

		6					3	
7				9	6			
	5		4	7			6	9
5	2				9			7
	4			6		2		
	8		2	4				
4			8	5			7	
	3	1						6

MEDIUM

71

	8		3			5		7
	9		4					6
			2		6			3
		1				2		4
	6							
4	7	3				1		
		6				3		
1			5					
				2	1	7		

MEDIUM

72

							3	
	8				5			6
4	5			6				
		5						8
	6	8		1		2	5	
	2			7		3		
		6		2				1
5					9			
	1				4	7	2	3

MEDIUM

73

	8		1					
2			8				7	4
	5			6		2		
7			9				8	3
		5				9		
1								5
5					2		6	
		8		7			1	
			6			8		9

MEDIUM

74

					3	1	5	
		5		4				6
2			7					3
7					5	9		4
	5				6			
	2			3			7	
		2					1	
4					1	8		5
6						2		

MEDIUM

75

		9						
	2		3	4				
4	6	7	2					
		8	1	7			6	
				6			3	9
		5		9			4	
2							1	
			7			3		2
	9		6					

MEDIUM

76

			7			2		
2	7							
		4		3	9		7	
							4	
3		2			1			8
	8					9		
	4		1					2
		9			2	3	8	
		6		7	5			1

MEDIUM

77

					4		6	
8			1			2		
		1	6	7	2	5		
	9	4					5	
	2					9		1
3		5				7		
					6			
	5			2	9		1	8
	7	3					2	

MEDIUM

78

1	2		6			5		
				5	2		9	7
8							1	
9		6	4	2				
2				7				
				6	1			
	3			1		4		5
					8			3
5	7					9	2	

MEDIUM

79

8						4	2	
	9		6		1			3
	2					8		
7	8		3		9		1	
				8	7			9
9				7			5	1
			5		3		6	
		5			8		3	

MEDIUM

80

		4	7					
8	7	2		1				6
	6			2		9		
			1				5	4
				5	6		2	
				8		3		1
			2				8	3
		7						
2		5	6		9		1	

MEDIUM

81

7	6	3				9		
		2						
	9					1	7	
		5		7			2	
				1	2		6	
		4		6		8	3	
9				8				
			1		9	3		
	2					6		

MEDIUM

82

	7		6					8
							4	
8			7	5				
	5		2			9	1	4
	3			7				
1					8			2
2			8		6	1	7	
					7			6
9			1			4		

MEDIUM

83

	5			7				
8	7		2					3
				6	4	8	2	
					9	5		
4	2		6	8				
9			1		2		7	
	6	3					8	1
	8						4	
						7	3	

MEDIUM

84

			7					8
	9		4			5		
3		6		9				7
	1				4			
2		7		6				1
4				8				
		8			7	6		
		5		4			9	
1	7							5

MEDIUM

85

				1	3		7	
	3			5			1	
		6	8				3	2
6				2	7			1
		5				9	4	
			5	8				6
5		8		6	1		2	
4					5			

MEDIUM

86

			2	6	3		7	
	3	6			8		1	9
		2					9	6
9								7
			5		4	2		3
	1							
	9			2				
8			7	1	6			

MEDIUM

87

	7		4				5	
		6			1		9	
5						2		1
2			6			8	1	
			9			4		
				4				2
9				1				
		5		4				7
1			7			3	6	

MEDIUM

88

1		2		3	6	8		
7						3	9	6
				2				9
				1				
			8			6	7	1
2		6			9			
	9	3				4	5	
		7	2					

MEDIUM

89

				8				
	3	9				2		
		5	2	7		1	6	
		2					1	7
	4	7				5		
3	5							9
				4		8		
6					1			2
	1		9	2	8			5

MEDIUM

90

				8				
		4				9	3	
	3		4				6	
	9		8	2	5		1	
		2	1					4
	7					3		
		5			8		2	
		1		3	2		4	6
			6					3

MEDIUM

91

		8		3			7	
			6			8		
		5			8			
7						1		
6			7			5	9	3
								6
	4			8	9			
	3			7				4
9	5		2		3			

HARD

92

	5				6			8
		2					4	
6			8				9	
	3				5			7
1				9		6		3
				8				
				3		1		5
2			6		9	3		
			7					

HARD

93

1	3			6			7	
		9					4	
	2					5		3
		3						
	6		9	2				
2			5		8			
7								5
					2			
	9	8	6		1			2

HARD

94

			9				8	3
		9						4
			7		4		2	
	6	1						
5			4	8				
8								
4		5	3					9
	3		2			5		
		7		1			4	

HARD

95

			3			2		7
			5					8
	8	9	7		4	3		
		7		3			6	
				1			3	4
	1		4				5	
						5		
9		6		5			2	1
	3							

HARD

96

7	5			2	4			
4			9			6		
6			3		5			
				8				3
		3	4				9	
		7			3			
						8		
	9							1
	8			9		4	5	7

HARD

97

8					6			
		7		9		8		
			8			5		
	6							
5	9	3			7			6
1								7
			9		2		5	3
	4			7			9	
			3	8			4	

HARD

98

8				7				6
		2		4				
	5		6			8		
2					3	7		8
			5		1		3	
								9
							6	
1			3		8		7	
	3		9			5		

HARD

99

5			4			8		7
								3
1	2						5	
	9			2		7		
		6			4			
		8	7					9
7	5		1				8	
							9	
	3			5		2		

HARD

100

	8	3	7					4
			6	2	1			5
6		5					1	
			4	6				1
3	1	6			7			
7								
8					4	6		
9				3				2
								9

HARD

101

3				9			4	
	9	8	7					
				4	5	8		
								6
7							3	
	1			6		4		
5	7		3				8	
	4		1	7				
						9		2

HARD

102

6			4				5	
	8						1	
		2			6			4
				9		3		2
			7					
8			6		5	9		
3				5		6		9
		9			2			7
			4					

HARD

103

			8			6		3
	7				2		4	1
8	6	9			3			
7						1	8	6
						7		
	2	6			8			
		1			9	5		
2				6		4		
				5				

HARD

104

		8					3	
1			6					9
	6				9		5	
				4		2		1
				7				
	8		5		6	4		
4			1					7
				9				
	2			5		6		4

HARD

105

			9				1	
	6			3	2		7	
				4		3		5
			3					
8		5			4			
	4	9		6				
4								
2		6	8	9		4		
					7	5		

HARD

106

				6	3			
		9				5	4	
7	8	3						
			6			2	3	
				5			9	
8							7	4
		1	4				5	
5	6			7				
	9	7			6			

HARD

107

			5			3		
	6			8		7		
8					2			6
		7		1			8	4
		6						
2					4			9
		4					1	2
7	8			5			4	
	9							

HARD

108

7								5
	9	8	6		1			2
				2				
	2						5	3
1	3			6		7		
		9				4		
		3						
2			5		8			
	6		9	2				

HARD

109

			9			3		
	7			4				5
		5			7	6		
		8						
	6	7			9		2	
2							1	4
5								
6					1		7	2
	4			2				8

HARD

110

		8	3				2	
				9		4	3	
9	2							6
					5			
	1		3				5	
		6	8					
	6	4	9					8
			2	7				
	3						6	1

HARD

111

6			8					
	9			7				8
		8						5
			2			7		
7			5	3	9	6		
					6			
	7				4		9	
	8	3					4	
1		9				3	5	

HARD

112

5	9					2		
	1		2	4	9			
				1				
		4		8		3		
	5			7				9
						8		
			9	6			2	
1			7		4	5		
9	2	3				6		

HARD

113

	6	8		2	3			
		7	5	6				
		2	4					7
								9
	9				4	8	6	2
	4					1		
5			2				4	
8				5				
					9	5		

HARD

114

7				2				3
		8		9			4	
4				7	8			
							7	
			9					
9				1	4	6		2
		7	1		3			
	8	3	7				5	6
		9			5			

HARD

115

1		7		5				
3			6	2				
			7			3		
5					8			6
	4			7		1		
6			3			8	7	
7	2						8	
							2	
						4		9

HARD

116

	9					1	7	
		4			8	3		5
		1	9	2	7			
		9		7	4			
			8			7	3	9
							8	
		2		3			6	
7			4				5	
		6						

HARD

117

				6	5	9		
			4		8		6	
								2
		3						5
		7		9		2	1	
8	2					6		
	6		1		9	5		4
	8						7	
			6					

HARD

118

	7			5	2			
							6	
			6			7	3	5
7							5	1
	2				6	8		3
	1		7	4	5			
	9							
	4			3			9	
		5	2				8	

HARD

119

9								
		5	8					3
1			9				2	
			6					
			2	7	5			6
7						3	5	
4						5	1	7
3				8	2	6		
	7		5		4			

HARD

120

						3		
		5			7			
		3	8	9		1	6	
7				4	1			6
2			9					
	5	4		3				
				6			9	3
					3	8	5	
			4					

HARD

121

	9	4						
2								
8				7	2			
7		8		6		3		
		1			4		7	
	6			5				8
		3				7		
				3		6	2	
			7	1			5	

HARD

122

		3					4	9
		4						
6	1							
2				9			6	
3		9			5			8
	8		3					7
				7		9		2
				4	8			5
5					9			

HARD

123

		5						
4	6	8					5	
			6			9		4
			1			4	6	7
8	2		9			5		
1		4		6				
		2			4		9	
		3	7					8
			3					

HARD

124

	9					7		
3			5				1	
	4			3				5
8		5			4			2
					3			
6			1				8	
1		2			8			
		8	4	5				7
				6				

HARD

125

7					5			
	1		8					3
2				3			1	
							4	
	8	9				6		
		6		5			3	2
	4		6					8
	6	3		9		2		
						1		

HARD

126

1	4							9
	9	8				1		
2				8			7	
						9		6
6	5	1						
4			8	7				
		5		1	7			
				4		8		
			3	6			9	

HARD

127

		5			4	9	2	
		1						7
3	9					8		
				7	8	4		
								9
			6	3			8	
	3						5	
	8		2	4		7		6
			8					

HARD

128

	9	4		6				
5						6	4	8
								5
6	4	7		1				
	5			9		2	8	
					6		1	4
				3				
		8		7				3
9			4					2

HARD

129

3		9				7	8	
2						9		6
7			2					5
		5		1				
		4	7	3	9		5	
			4					
	6				5			7
	3					6		
				6			4	

HARD

130

		9		2			6	
	5							3
2								
	7		5				3	1
			6	3			9	
4		8						
		7		9	1			
			3			7	8	
	9			8				5

HARD

131

	2			5			3	
3			7	2	9		1	
9	7							4
	9							1
4								
7					1	8		
5	6	3	8	4			2	
						4		
			9					8

EXPERT

132

7	1	3					9	4
						2		
9							1	
	7		8					
		1	4	6	9			5
					1			6
			5		3	4	2	
	5		7					
4	3				6			

EXPERT

133

	7		3			2	6	8
					9		1	
	8					3		
		3		2				
4								
	6	2	5	9	3			
					7		9	
6		4				5	7	
				6	5	8		

EXPERT

134

6								
4		3	2		5			
1	8			6	7			
		2	5	7				8
				4			1	2
8								7
5	6							4
					4	9		
					9		8	1

EXPERT

135

7				4			2	
					2	7		
	6	4						5
								6
1		6	7		3			8
3	5			1				9
	8	5						7
		1			4			
		3					1	2

EXPERT

136

			4	2	8	5		1
							3	
					1			2
1	7	5	2			6		
2						7		
		9		8				
7				4	5			
4		6					5	3
		8		6				

EXPERT

137

	7		4			2	3	
			8	3			7	
	6							
9					4			
				6	5			
		2				8		
		6	5			1		
	3		9	1				5
7							8	3

EXPERT

138

		8			6			
7				5	4			
4		6					3	5
								3
				1			2	
			4	8	2	5	1	
1	7	5	2			6		
2						7		
		9			8			

EXPERT

139

	9		4					2
			8	5				
	8				1	9		6
		2			6	8	5	4
								9
			2					
1	2			8		3	7	
5	7					2		
	3							

EXPERT

140

	6	3				4		8
		5	9			7		
			8	6				
	5	2					3	
						8	5	
	1				3			7
9	2					5		
				4			2	
					1			9

EXPERT

141

	9	5	6					
		7						
	1	6	7	5				2
		2	3		4	1		
		3			6		8	
							2	9
							6	
					3			
6			2	9	8	4		

EXPERT

142

	4				5			
				6				
5	2	7	8		4			
7	8							1
9							2	
				8	6		9	7
			1					5
		5	9			1	8	4
2						3		

EXPERT

143

			6	4	3	7		1
					1			4
							5	
9				6	7			
	3			8				
6	8						7	5
	2			3				
4						9		
1	7	9	4			8		

EXPERT

144

						6		7
	2					4		
1					9			
		7						
		8	3		1		4	
			8				9	3
		3		6			2	5
	8		9	3				
7					5		6	

EXPERT

145

		4	2		6	8	7	5
2			1					
	6							
		3	9	1	4		5	
6						9	1	
		5			7	4		
							6	
	2			3			9	
3						1		

EXPERT

146

7								1
9		8		5				4
			8	6		5		3
				2				6
4					1			
			3		4		8	
8	9	7	5	4				
2		1						
								8

EXPERT

147

			5			1		2
6			2					
			7	3		9		
						8		
		2		7	5	4		
5	9		8		2	3		
		6			9			1
1							9	
			6	8		7		

EXPERT

148

8							9	
			7			2		
		2	6			1	5	7
				5	3	4	6	
6							8	
4	5					7		
	1				2			
				3				
2	8	4	5		1			

EXPERT

149

		2	1					8
	6		5	8			1	
3						4	6	
			4	6		3		
	3		7			6		9
	2							
5					7			
				2	1			
		9						4

EXPERT

150

			5	6				
		9	3					
	1						8	
	6				5		2	
4				2	9			5
		7				8		4
6								
7					3	4	1	
				4	8	7		

EXPERT

1

3	4	6	8	7	5	9	1	2
8	1	2	9	3	6	5	4	7
9	5	7	1	4	2	3	8	6
1	7	9	5	6	3	8	2	4
5	2	3	4	1	8	7	6	9
4	6	8	7	2	9	1	3	5
2	9	5	3	8	4	6	7	1
7	8	4	6	5	1	2	9	3
6	3	1	2	9	7	4	5	8

2

9	7	8	6	1	3	4	5	2
3	4	1	7	2	5	8	6	9
2	6	5	9	8	4	3	7	1
1	3	9	2	4	7	5	8	6
4	8	2	5	9	6	7	1	3
6	5	7	8	3	1	9	2	4
5	2	3	1	7	9	6	4	8
7	1	4	3	6	8	2	9	5
8	9	6	4	5	2	1	3	7

3

7	1	5	6	3	4	8	2	9
9	2	6	7	8	1	3	5	4
8	4	3	2	5	9	1	7	6
3	9	4	1	2	8	5	6	7
5	8	7	4	6	3	2	9	1
1	6	2	5	9	7	4	3	8
4	3	1	9	7	5	6	8	2
6	7	8	3	4	2	9	1	5
2	5	9	8	1	6	7	4	3

4

8	4	7	5	3	9	2	1	6
3	6	1	4	2	7	5	9	8
9	2	5	1	6	8	3	4	7
5	8	6	9	4	2	1	7	3
1	9	3	8	7	5	6	2	4
4	7	2	3	1	6	8	5	9
6	3	4	2	9	1	7	8	5
2	5	9	7	8	3	4	6	1
7	1	8	6	5	4	9	3	2

SOLUTIONS

5

1	6	2	5	7	3	9	8	4
5	9	4	1	8	2	7	3	6
8	7	3	6	4	9	5	1	2
9	3	8	2	1	4	6	5	7
6	2	1	7	5	8	4	9	3
4	5	7	9	3	6	1	2	8
7	4	5	3	2	1	8	6	9
3	8	6	4	9	5	2	7	1
2	1	9	8	6	7	3	4	5

6

8	3	2	7	1	6	5	9	4
4	6	7	5	2	9	8	1	3
1	9	5	8	3	4	2	7	6
6	7	3	1	5	8	4	2	9
2	8	9	4	7	3	6	5	1
5	4	1	6	9	2	7	3	8
3	5	4	2	8	1	9	6	7
7	1	6	9	4	5	3	8	2
9	2	8	3	6	7	1	4	5

7

8	9	6	5	4	1	2	7	3
3	1	5	7	2	6	9	4	8
4	7	2	3	9	8	1	5	6
5	6	3	2	1	7	8	9	4
7	4	1	8	6	9	5	3	2
9	2	8	4	5	3	6	1	7
1	8	9	6	7	4	3	2	5
6	5	4	1	3	2	7	8	9
2	3	7	9	8	5	4	6	1

8

4	8	5	2	3	1	6	9	7
2	7	6	8	4	9	5	1	3
9	3	1	5	6	7	2	4	8
8	5	4	9	7	6	3	2	1
1	9	2	4	8	3	7	5	6
7	6	3	1	2	5	9	8	4
3	1	8	7	9	2	4	6	5
5	2	7	6	1	4	8	3	9
6	4	9	3	5	8	1	7	2

SOLUTIONS

9

9	8	7	1	4	6	2	5	3
5	3	6	2	8	7	1	4	9
2	4	1	5	3	9	8	7	6
7	5	2	8	9	1	3	6	4
4	1	3	7	6	5	9	2	8
6	9	8	4	2	3	5	1	7
1	2	9	6	7	8	4	3	5
3	6	5	9	1	4	7	8	2
8	7	4	3	5	2	6	9	1

10

4	6	1	5	8	7	9	2	3
8	2	9	1	3	6	4	5	7
5	7	3	2	4	9	8	1	6
9	3	8	6	1	5	2	7	4
2	5	4	3	7	8	1	6	9
7	1	6	9	2	4	5	3	8
1	8	5	4	6	3	7	9	2
3	4	2	7	9	1	6	8	5
6	9	7	8	5	2	3	4	1

11

9	1	4	2	6	5	7	8	3
5	2	3	7	4	8	1	6	9
7	8	6	3	9	1	5	4	2
6	4	9	8	1	3	2	7	5
1	3	7	6	5	2	8	9	4
8	5	2	9	7	4	3	1	6
4	7	8	5	2	6	9	3	1
3	6	5	1	8	9	4	2	7
2	9	1	4	3	7	6	5	8

12

6	4	3	1	5	8	7	2	9
2	1	7	6	4	9	3	5	8
8	9	5	3	2	7	1	6	4
3	5	8	9	6	4	2	1	7
7	6	9	2	8	1	5	4	3
1	2	4	7	3	5	8	9	6
5	7	1	8	9	6	4	3	2
4	3	6	5	7	2	9	8	1
9	8	2	4	1	3	6	7	5

SOLUTIONS

13

5	9	8	6	4	3	7	1	2
4	2	1	9	7	8	6	3	5
7	6	3	5	2	1	4	8	9
8	4	6	2	1	7	5	9	3
2	3	7	8	9	5	1	4	6
1	5	9	3	6	4	8	2	7
6	1	2	4	5	9	3	7	8
9	8	4	7	3	6	2	5	1
3	7	5	1	8	2	9	6	4

14

4	7	6	5	9	2	1	3	8
5	1	9	7	3	8	2	6	4
3	2	8	6	4	1	5	7	9
9	6	5	8	1	7	3	4	2
2	3	7	9	6	4	8	5	1
1	8	4	3	2	5	7	9	6
8	4	3	2	7	9	6	1	5
6	9	2	1	5	3	4	8	7
7	5	1	4	8	6	9	2	3

15

9	1	5	4	2	6	8	7	3
2	8	3	7	9	5	4	6	1
7	4	6	1	3	8	9	5	2
4	9	2	5	8	1	6	3	7
8	6	1	3	7	2	5	4	9
3	5	7	6	4	9	2	1	8
1	2	4	9	6	7	3	8	5
5	3	9	8	1	4	7	2	6
6	7	8	2	5	3	1	9	4

16

6	4	7	2	1	8	5	9	3
3	9	2	5	6	7	4	8	1
8	5	1	3	9	4	7	6	2
4	7	8	6	5	3	1	2	9
1	6	5	9	7	2	8	3	4
9	2	3	8	4	1	6	5	7
5	3	4	1	2	6	9	7	8
7	8	6	4	3	9	2	1	5
2	1	9	7	8	5	3	4	6

SOLUTIONS

17

8	7	4	3	9	5	1	6	2
3	1	5	8	2	6	4	7	9
6	9	2	1	7	4	5	3	8
5	6	8	2	1	9	3	4	7
4	2	1	5	3	7	8	9	6
7	3	9	4	6	8	2	5	1
9	8	3	7	5	1	6	2	4
2	4	7	6	8	3	9	1	5
1	5	6	9	4	2	7	8	3

18

7	4	3	1	2	9	5	8	6
1	8	9	6	4	5	2	7	3
2	6	5	3	8	7	1	4	9
5	1	8	4	9	2	3	6	7
6	9	4	7	3	1	8	2	5
3	2	7	5	6	8	9	1	4
4	3	2	9	1	6	7	5	8
9	5	1	8	7	4	6	3	2
8	7	6	2	5	3	4	9	1

19

6	9	2	5	1	8	4	7	3
5	3	8	4	2	7	9	6	1
1	4	7	9	3	6	5	2	8
2	1	9	3	4	5	7	8	6
3	7	6	8	9	2	1	4	5
4	8	5	6	7	1	2	3	9
9	5	4	2	8	3	6	1	7
7	6	3	1	5	4	8	9	2
8	2	1	7	6	9	3	5	4

20

1	6	8	2	9	7	5	4	3
3	5	9	4	1	6	2	8	7
7	2	4	5	3	8	6	1	9
5	8	6	7	4	3	1	9	2
4	9	1	6	5	2	7	3	8
2	3	7	9	8	1	4	5	6
9	1	2	3	7	4	8	6	5
8	7	3	1	6	5	9	2	4
6	4	5	8	2	9	3	7	1

SOLUTIONS

21

9	3	7	8	6	4	1	5	2
1	5	8	7	2	9	3	4	6
4	2	6	1	3	5	8	7	9
8	7	5	4	1	2	6	9	3
3	1	2	9	5	6	7	8	4
6	9	4	3	8	7	2	1	5
2	6	9	5	7	8	4	3	1
7	4	3	2	9	1	5	6	8
5	8	1	6	4	3	9	2	7

22

1	6	3	7	2	4	5	8	9
4	8	5	9	6	3	2	7	1
9	7	2	1	5	8	3	4	6
8	4	1	3	9	7	6	5	2
7	2	9	5	4	6	1	3	8
3	5	6	8	1	2	7	9	4
6	3	4	2	8	5	9	1	7
5	1	8	6	7	9	4	2	3
2	9	7	4	3	1	8	6	5

23

1	2	6	8	4	3	9	5	7
5	4	7	6	9	1	2	8	3
3	8	9	7	5	2	6	4	1
6	9	4	5	3	7	8	1	2
8	3	5	2	1	4	7	9	6
7	1	2	9	6	8	4	3	5
4	6	8	1	2	5	3	7	9
9	7	1	3	8	6	5	2	4
2	5	3	4	7	9	1	6	8

24

3	6	2	9	1	8	5	4	7
8	5	9	3	4	7	6	1	2
4	1	7	6	2	5	3	8	9
9	8	3	1	5	4	7	2	6
5	4	1	2	7	6	9	3	8
2	7	6	8	9	3	1	5	4
6	2	4	5	3	9	8	7	1
7	9	5	4	8	1	2	6	3
1	3	8	7	6	2	4	9	5

SOLUTIONS

25

3	6	1	9	5	4	2	8	7
8	5	9	6	2	7	4	1	3
7	2	4	1	8	3	9	6	5
4	7	5	8	6	9	3	2	1
9	3	2	4	7	1	8	5	6
1	8	6	5	3	2	7	9	4
6	4	3	2	9	5	1	7	8
5	9	7	3	1	8	6	4	2
2	1	8	7	4	6	5	3	9

26

4	1	8	9	2	3	5	7	6
3	2	5	6	1	7	8	9	4
6	9	7	8	4	5	2	3	1
1	5	4	7	8	9	3	6	2
2	8	3	5	6	1	7	4	9
7	6	9	2	3	4	1	8	5
9	4	1	3	7	2	6	5	8
5	7	6	1	9	8	4	2	3
8	3	2	4	5	6	9	1	7

27

6	4	7	9	1	8	3	5	2
2	5	1	6	4	3	8	9	7
3	9	8	5	2	7	4	6	1
5	2	4	3	7	9	6	1	8
8	7	3	1	6	5	9	2	4
9	1	6	4	8	2	5	7	3
7	3	2	8	5	6	1	4	9
4	8	5	2	9	1	7	3	6
1	6	9	7	3	4	2	8	5

28

8	7	5	1	9	2	6	4	3
1	4	2	8	3	6	7	5	9
9	3	6	4	5	7	2	1	8
5	6	3	2	8	4	9	7	1
4	1	8	6	7	9	3	2	5
7	2	9	3	1	5	8	6	4
6	5	1	9	2	3	4	8	7
2	9	7	5	4	8	1	3	6
3	8	4	7	6	1	5	9	2

SOLUTIONS

29

6	1	8	9	2	4	7	3	5
7	5	4	6	1	3	2	9	8
3	2	9	7	5	8	6	1	4
1	4	3	2	8	5	9	7	6
2	9	7	3	4	6	8	5	1
5	8	6	1	7	9	4	2	3
9	6	1	8	3	7	5	4	2
4	7	2	5	6	1	3	8	9
8	3	5	4	9	2	1	6	7

30

7	8	9	5	4	2	1	6	3
3	4	6	7	1	9	5	8	2
1	5	2	3	8	6	7	9	4
6	1	5	9	2	4	8	3	7
4	7	3	8	5	1	9	2	6
2	9	8	6	3	7	4	1	5
8	6	1	4	7	3	2	5	9
9	2	4	1	6	5	3	7	8
5	3	7	2	9	8	6	4	1

31

5	4	8	3	2	1	9	7	6
7	6	1	8	4	9	5	3	2
9	3	2	6	7	5	8	4	1
8	7	9	4	1	6	3	2	5
6	2	3	5	9	8	4	1	7
4	1	5	7	3	2	6	9	8
2	9	6	1	5	3	7	8	4
1	8	4	9	6	7	2	5	3
3	5	7	2	8	4	1	6	9

32

5	1	2	9	4	3	8	7	6
3	9	6	5	7	8	4	2	1
7	8	4	2	6	1	9	5	3
4	6	5	7	1	2	3	8	9
8	2	7	4	3	9	1	6	5
1	3	9	8	5	6	7	4	2
9	4	1	6	2	7	5	3	8
2	7	3	1	8	5	6	9	4
6	5	8	3	9	4	2	1	7

SOLUTIONS

33

6	8	1	5	2	3	9	7	4
2	3	9	4	1	7	5	8	6
5	7	4	8	9	6	2	3	1
1	6	3	9	4	5	8	2	7
9	5	8	6	7	2	1	4	3
4	2	7	1	3	8	6	9	5
7	9	5	3	8	1	4	6	2
3	4	6	2	5	9	7	1	8
8	1	2	7	6	4	3	5	9

34

6	3	7	8	2	4	9	5	1
1	2	4	6	9	5	8	7	3
9	5	8	3	7	1	6	4	2
5	4	1	9	3	8	7	2	6
8	9	6	7	4	2	1	3	5
2	7	3	1	5	6	4	9	8
3	8	9	2	6	7	5	1	4
7	6	5	4	1	3	2	8	9
4	1	2	5	8	9	3	6	7

35

3	7	6	9	2	1	5	8	4
8	1	9	5	6	4	2	7	3
2	5	4	8	7	3	1	6	9
9	4	5	1	8	2	6	3	7
6	8	1	7	3	9	4	2	5
7	3	2	6	4	5	9	1	8
1	9	3	2	5	7	8	4	6
4	2	8	3	9	6	7	5	1
5	6	7	4	1	8	3	9	2

36

4	6	1	9	7	3	2	8	5
2	3	7	8	1	5	6	9	4
9	8	5	4	2	6	1	7	3
8	9	3	5	6	7	4	1	2
1	4	6	2	9	8	5	3	7
7	5	2	3	4	1	8	6	9
5	1	8	7	3	2	9	4	6
3	2	4	6	8	9	7	5	1
6	7	9	1	5	4	3	2	8

SOLUTIONS

37

2	7	3	8	9	1	5	6	4
1	4	9	6	5	2	7	3	8
5	8	6	4	3	7	9	1	2
7	5	8	3	2	4	6	9	1
6	3	2	5	1	9	4	8	7
4	9	1	7	6	8	3	2	5
9	1	4	2	7	3	8	5	6
3	6	7	1	8	5	2	4	9
8	2	5	9	4	6	1	7	3

38

7	9	1	3	5	8	6	4	2
3	2	8	6	1	4	5	9	7
6	5	4	7	2	9	3	1	8
4	8	9	5	6	7	2	3	1
2	7	6	9	3	1	4	8	5
1	3	5	8	4	2	9	7	6
8	4	2	1	9	5	7	6	3
9	1	3	2	7	6	8	5	4
5	6	7	4	8	3	1	2	9

39

7	8	6	1	5	2	4	3	9
4	9	1	6	8	3	2	7	5
3	5	2	4	7	9	6	1	8
9	3	8	2	6	7	1	5	4
5	1	7	9	4	8	3	6	2
2	6	4	5	3	1	9	8	7
6	2	3	8	9	5	7	4	1
1	4	5	7	2	6	8	9	3
8	7	9	3	1	4	5	2	6

40

7	1	9	2	3	6	5	8	4
3	5	2	9	4	8	1	7	6
4	8	6	1	7	5	3	2	9
6	3	1	5	8	2	4	9	7
9	2	8	4	1	7	6	5	3
5	7	4	3	6	9	8	1	2
1	6	7	8	9	4	2	3	5
8	4	5	7	2	3	9	6	1
2	9	3	6	5	1	7	4	8

SOLUTIONS

41

5	8	4	6	9	7	1	3	2
3	1	9	2	8	4	5	7	6
2	7	6	3	1	5	4	9	8
1	6	7	8	4	9	2	5	3
9	5	2	1	3	6	7	8	4
4	3	8	5	7	2	6	1	9
6	9	1	4	5	8	3	2	7
7	2	3	9	6	1	8	4	5
8	4	5	7	2	3	9	6	1

42

7	9	4	3	1	2	5	8	6
8	3	2	4	5	6	9	1	7
5	1	6	7	9	8	2	3	4
2	6	3	5	7	4	8	9	1
9	4	5	8	6	1	7	2	3
1	8	7	9	2	3	4	6	5
4	5	1	6	8	9	3	7	2
6	7	8	2	3	5	1	4	9
3	2	9	1	4	7	6	5	8

43

8	6	7	2	4	5	3	1	9
5	4	3	9	1	7	2	6	8
2	9	1	3	8	6	5	7	4
1	3	4	5	2	8	6	9	7
7	5	9	4	6	3	8	2	1
6	2	8	7	9	1	4	5	3
3	8	5	6	7	9	1	4	2
9	1	2	8	5	4	7	3	6
4	7	6	1	3	2	9	8	5

44

8	5	1	2	3	9	7	6	4
4	2	7	6	8	5	9	3	1
3	9	6	1	4	7	2	8	5
6	4	3	5	9	8	1	2	7
7	8	2	4	1	3	6	5	9
5	1	9	7	2	6	3	4	8
2	6	8	9	5	1	4	7	3
1	3	4	8	7	2	5	9	6
9	7	5	3	6	4	8	1	2

SOLUTIONS

45

9	7	5	1	2	6	4	8	3
8	3	1	5	7	4	2	6	9
6	4	2	8	9	3	1	7	5
3	9	8	2	4	1	6	5	7
2	5	6	3	8	7	9	4	1
7	1	4	9	6	5	3	2	8
5	6	9	4	3	8	7	1	2
1	2	7	6	5	9	8	3	4
4	8	3	7	1	2	5	9	6

46

2	6	3	7	9	4	5	1	8
4	7	5	3	1	8	2	6	9
8	9	1	2	6	5	7	3	4
3	5	2	8	7	6	4	9	1
9	4	6	5	3	1	8	2	7
1	8	7	4	2	9	3	5	6
6	2	8	1	5	7	9	4	3
5	1	4	9	8	3	6	7	2
7	3	9	6	4	2	1	8	5

47

7	6	2	9	5	3	4	1	8
3	8	9	1	4	7	5	6	2
1	5	4	2	6	8	3	9	7
4	1	7	8	3	9	6	2	5
5	2	3	6	7	1	8	4	9
6	9	8	5	2	4	1	7	3
8	3	1	7	9	6	2	5	4
9	4	5	3	1	2	7	8	6
2	7	6	4	8	5	9	3	1

48

8	6	1	5	2	3	7	9	4
3	7	5	9	4	8	1	2	6
9	4	2	7	1	6	3	8	5
6	1	7	2	8	9	5	4	3
4	9	3	6	5	1	8	7	2
2	5	8	4	3	7	6	1	9
5	8	9	3	7	4	2	6	1
7	3	4	1	6	2	9	5	8
1	2	6	8	9	5	4	3	7

SOLUTIONS

49

2	3	5	6	8	1	9	7	4
4	1	9	3	5	7	2	8	6
7	6	8	4	9	2	3	5	1
8	9	7	5	6	3	4	1	2
1	5	4	8	2	9	6	3	7
6	2	3	7	1	4	5	9	8
3	4	6	9	7	8	1	2	5
5	7	1	2	3	6	8	4	9
9	8	2	1	4	5	7	6	3

50

7	4	2	9	3	6	1	8	5
1	3	8	5	7	4	6	2	9
9	5	6	8	2	1	7	3	4
3	1	4	6	8	2	5	9	7
8	7	5	3	1	9	4	6	2
2	6	9	4	5	7	3	1	8
4	2	7	1	6	8	9	5	3
6	8	3	7	9	5	2	4	1
5	9	1	2	4	3	8	7	6

51

9	4	6	8	5	1	3	7	2
3	2	8	9	7	6	1	5	4
1	5	7	2	3	4	8	6	9
2	7	3	4	1	5	9	8	6
4	8	5	3	6	9	7	2	1
6	1	9	7	8	2	5	4	3
5	9	4	1	2	7	6	3	8
8	6	1	5	4	3	2	9	7
7	3	2	6	9	8	4	1	5

52

2	7	5	8	4	1	9	3	6
6	3	1	5	9	2	4	8	7
8	4	9	6	3	7	2	1	5
1	5	2	4	7	9	3	6	8
9	6	3	1	8	5	7	4	2
4	8	7	2	6	3	1	5	9
3	2	8	9	5	4	6	7	1
5	9	4	7	1	6	8	2	3
7	1	6	3	2	8	5	9	4

SOLUTIONS

53

2	3	5	7	4	9	6	1	8
4	7	8	1	6	2	9	3	5
9	6	1	8	3	5	4	2	7
8	9	6	5	1	7	3	4	2
5	2	7	4	9	3	8	6	1
1	4	3	2	8	6	5	7	9
7	8	2	6	5	4	1	9	3
6	1	9	3	7	8	2	5	4
3	5	4	9	2	1	7	8	6

54

7	8	2	9	3	5	1	4	6
1	4	5	8	6	2	3	9	7
6	3	9	7	1	4	8	5	2
4	5	7	6	9	8	2	3	1
3	9	6	2	7	1	4	8	5
8	2	1	5	4	3	7	6	9
9	1	8	4	2	6	5	7	3
2	7	4	3	5	9	6	1	8
5	6	3	1	8	7	9	2	4

55

3	5	8	6	7	1	4	2	9
9	4	2	3	8	5	1	7	6
6	7	1	9	2	4	8	3	5
7	6	9	1	4	3	5	8	2
4	8	5	7	9	2	3	6	1
1	2	3	8	5	6	9	4	7
2	9	7	4	1	8	6	5	3
5	3	4	2	6	9	7	1	8
8	1	6	5	3	7	2	9	4

56

9	3	4	7	6	5	2	8	1
5	1	8	9	3	2	4	6	7
6	7	2	1	4	8	9	3	5
2	9	3	8	5	4	1	7	6
7	5	6	3	1	9	8	4	2
8	4	1	6	2	7	5	9	3
1	8	9	2	7	6	3	5	4
4	2	7	5	9	3	6	1	8
3	6	5	4	8	1	7	2	9

SOLUTIONS

57

3	9	5	8	4	1	6	2	7
8	7	6	9	5	2	3	4	1
1	2	4	3	7	6	8	9	5
2	5	8	4	6	3	1	7	9
6	1	3	7	2	9	4	5	8
7	4	9	5	1	8	2	3	6
9	6	1	2	3	7	5	8	4
4	8	2	6	9	5	7	1	3
5	3	7	1	8	4	9	6	2

58

5	3	6	7	2	1	4	9	8
8	4	7	3	5	9	6	2	1
9	2	1	4	6	8	3	5	7
1	5	3	9	8	7	2	6	4
7	9	4	2	1	6	5	8	3
2	6	8	5	4	3	1	7	9
3	8	2	6	9	4	7	1	5
4	1	5	8	7	2	9	3	6
6	7	9	1	3	5	8	4	2

59

7	8	9	1	3	6	5	4	2
4	5	2	7	8	9	3	6	1
1	6	3	4	2	5	8	7	9
2	4	7	6	5	1	9	3	8
5	3	8	2	9	4	7	1	6
6	9	1	3	7	8	2	5	4
3	7	6	8	1	2	4	9	5
9	2	4	5	6	3	1	8	7
8	1	5	9	4	7	6	2	3

60

2	3	8	7	4	1	9	5	6
4	5	6	9	8	3	2	7	1
7	9	1	2	5	6	8	3	4
5	6	2	8	1	7	3	4	9
1	7	9	4	3	5	6	2	8
3	8	4	6	9	2	5	1	7
8	1	3	5	6	4	7	9	2
6	2	5	1	7	9	4	8	3
9	4	7	3	2	8	1	6	5

SOLUTIONS

61

8	5	4	9	7	2	3	1	6
9	1	6	8	5	3	4	7	2
2	7	3	6	4	1	5	8	9
3	9	7	4	6	8	2	5	1
5	4	1	2	9	7	6	3	8
6	2	8	3	1	5	9	4	7
1	8	9	5	3	6	7	2	4
4	3	2	7	8	9	1	6	5
7	6	5	1	2	4	8	9	3

62

4	3	8	1	5	9	7	6	2
5	1	7	6	2	4	3	8	9
6	9	2	3	8	7	5	1	4
8	5	3	7	6	2	9	4	1
7	2	6	4	9	1	8	3	5
1	4	9	8	3	5	6	2	7
2	6	4	5	7	8	1	9	3
9	8	5	2	1	3	4	7	6
3	7	1	9	4	6	2	5	8

63

6	5	4	9	3	2	8	1	7
7	1	9	5	6	8	3	2	4
3	8	2	4	1	7	5	6	9
2	9	8	6	7	4	1	5	3
4	6	1	3	8	5	7	9	2
5	3	7	1	2	9	6	4	8
1	4	6	8	9	3	2	7	5
8	2	5	7	4	1	9	3	6
9	7	3	2	5	6	4	8	1

64

4	7	6	9	5	8	2	3	1
3	9	1	2	4	6	5	7	8
2	5	8	1	3	7	9	4	6
8	1	5	7	6	2	4	9	3
9	4	3	8	1	5	7	6	2
6	2	7	3	9	4	8	1	5
5	3	4	6	2	9	1	8	7
1	8	9	5	7	3	6	2	4
7	6	2	4	8	1	3	5	9

SOLUTIONS

65

2	7	6	4	1	3	9	5	8
3	8	4	5	6	9	2	1	7
1	9	5	7	8	2	4	3	6
4	1	3	9	2	7	8	6	5
7	5	2	6	4	8	3	9	1
8	6	9	1	3	5	7	2	4
9	4	7	3	5	6	1	8	2
5	2	1	8	9	4	6	7	3
6	3	8	2	7	1	5	4	9

66

4	6	9	3	7	2	8	1	5
3	7	8	1	5	6	4	9	2
1	5	2	9	4	8	7	6	3
2	1	4	7	6	9	5	3	8
8	3	6	5	2	1	9	7	4
7	9	5	8	3	4	1	2	6
9	4	3	6	8	7	2	5	1
5	8	7	2	1	3	6	4	9
6	2	1	4	9	5	3	8	7

67

7	8	9	5	2	6	4	1	3
4	2	3	7	8	1	6	5	9
5	6	1	3	9	4	8	2	7
8	1	7	6	5	3	9	4	2
9	4	6	2	7	8	5	3	1
2	3	5	4	1	9	7	8	6
1	7	2	8	6	5	3	9	4
6	5	4	9	3	2	1	7	8
3	9	8	1	4	7	2	6	5

68

6	1	2	4	5	8	7	3	9
7	5	9	3	2	1	8	4	6
8	3	4	9	6	7	2	1	5
3	4	1	7	9	5	6	8	2
5	6	7	2	8	4	1	9	3
2	9	8	1	3	6	5	7	4
4	2	6	8	1	9	3	5	7
9	8	3	5	7	2	4	6	1
1	7	5	6	4	3	9	2	8

SOLUTIONS

69

3	2	6	8	7	4	1	9	5
7	9	8	1	5	3	2	6	4
5	1	4	2	6	9	8	3	7
8	4	2	5	9	1	3	7	6
9	7	5	3	2	6	4	8	1
1	6	3	7	4	8	9	5	2
4	8	7	6	3	2	5	1	9
2	5	1	9	8	7	6	4	3
6	3	9	4	1	5	7	2	8

70

2	9	6	5	1	8	7	3	4
7	1	4	3	9	6	5	2	8
3	5	8	4	7	2	1	6	9
5	2	3	1	8	9	6	4	7
1	4	9	7	6	3	2	8	5
6	8	7	2	4	5	3	9	1
4	6	2	8	5	1	9	7	3
8	3	1	9	2	7	4	5	6
9	7	5	6	3	4	8	1	2

71

6	8	4	3	1	9	5	2	7
3	9	2	4	7	5	8	1	6
5	1	7	2	8	6	4	9	3
9	5	1	7	6	8	2	3	4
2	6	8	1	4	3	9	7	5
4	7	3	9	5	2	1	6	8
7	2	6	8	9	4	3	5	1
1	4	9	5	3	7	6	8	2
8	3	5	6	2	1	7	4	9

72

6	9	1	7	8	2	4	3	5
2	8	7	3	4	5	9	1	6
4	5	3	9	6	1	8	7	2
7	3	5	2	9	6	1	4	8
9	6	8	4	1	3	2	5	7
1	2	4	5	7	8	3	6	9
3	4	6	8	2	7	5	9	1
5	7	2	1	3	9	6	8	4
8	1	9	6	5	4	7	2	3

SOLUTIONS

73

4	8	7	1	2	3	5	9	6
2	6	3	8	9	5	1	7	4
9	5	1	4	6	7	2	3	8
7	2	4	9	5	1	6	8	3
8	3	5	7	4	6	9	2	1
1	9	6	2	3	8	7	4	5
5	1	9	3	8	2	4	6	7
6	4	8	5	7	9	3	1	2
3	7	2	6	1	4	8	5	9

74

8	4	7	9	6	3	1	5	2
3	9	5	1	4	2	7	8	6
2	6	1	7	5	8	4	9	3
7	3	8	2	1	5	9	6	4
9	5	4	8	7	6	3	2	1
1	2	6	4	3	9	5	7	8
5	8	2	3	9	4	6	1	7
4	7	9	6	2	1	8	3	5
6	1	3	5	8	7	2	4	9

75

3	8	9	5	1	7	4	2	6
5	2	1	3	4	6	9	7	8
4	6	7	2	8	9	1	5	3
9	4	8	1	7	3	2	6	5
1	7	2	4	6	5	8	3	9
6	3	5	8	9	2	7	4	1
2	5	4	9	3	8	6	1	7
8	1	6	7	5	4	3	9	2
7	9	3	6	2	1	5	8	4

76

9	3	5	7	8	6	2	1	4
2	7	8	5	1	4	6	3	9
6	1	4	2	3	9	8	7	5
5	9	7	8	2	3	1	4	6
3	6	2	9	4	1	7	5	8
4	8	1	6	5	7	9	2	3
7	4	3	1	9	8	5	6	2
1	5	9	4	6	2	3	8	7
8	2	6	3	7	5	4	9	1

SOLUTIONS

77

5	3	2	8	9	4	1	6	7
8	6	7	1	5	3	2	9	4
9	4	1	6	7	2	5	8	3
7	9	4	2	3	1	8	5	6
6	2	8	5	4	7	9	3	1
3	1	5	9	6	8	7	4	2
2	8	9	3	1	6	4	7	5
4	5	6	7	2	9	3	1	8
1	7	3	4	8	5	6	2	9

78

1	2	7	6	8	9	5	3	4
3	6	4	1	5	2	8	9	7
8	9	5	7	3	4	6	1	2
9	5	6	4	2	3	1	7	8
2	8	1	9	7	5	3	4	6
7	4	3	8	6	1	2	5	9
6	3	9	2	1	7	4	8	5
4	1	2	5	9	8	7	6	3
5	7	8	3	4	6	9	2	1

79

8	1	3	7	9	5	4	2	6
5	4	6	8	3	2	1	9	7
2	9	7	6	4	1	5	8	3
3	2	9	1	6	4	8	7	5
7	8	4	3	5	9	6	1	2
6	5	1	2	8	7	3	4	9
9	3	8	4	7	6	2	5	1
4	7	2	5	1	3	9	6	8
1	6	5	9	2	8	7	3	4

80

5	9	4	7	6	8	1	3	2
8	7	2	9	1	3	5	4	6
1	6	3	5	2	4	9	7	8
3	2	6	1	9	7	8	5	4
4	1	8	3	5	6	7	2	9
7	5	9	4	8	2	3	6	1
9	4	1	2	7	5	6	8	3
6	3	7	8	4	1	2	9	5
2	8	5	6	3	9	4	1	7

SOLUTIONS

81

7	6	3	8	5	1	9	4	2
1	4	2	7	9	6	5	8	3
5	9	8	2	3	4	1	7	6
6	1	5	3	7	8	4	2	9
8	3	9	4	1	2	7	6	5
2	7	4	9	6	5	8	3	1
9	5	7	6	8	3	2	1	4
4	8	6	1	2	9	3	5	7
3	2	1	5	4	7	6	9	8

82

5	7	4	6	1	9	3	2	8
6	1	9	3	8	2	5	4	7
8	2	3	7	5	4	6	9	1
7	5	8	2	6	3	9	1	4
4	3	2	9	7	1	8	6	5
1	9	6	5	4	8	7	3	2
2	4	5	8	3	6	1	7	9
3	8	1	4	9	7	2	5	6
9	6	7	1	2	5	4	8	3

83

6	5	2	3	7	8	1	9	4
8	7	4	2	9	1	6	5	3
3	9	1	5	6	4	8	2	7
7	1	8	4	3	9	5	6	2
4	2	5	6	8	7	3	1	9
9	3	6	1	5	2	4	7	8
2	6	3	7	4	5	9	8	1
5	8	7	9	1	3	2	4	6
1	4	9	8	2	6	7	3	5

84

5	4	1	7	3	6	9	2	8
7	9	2	4	1	8	5	6	3
3	8	6	5	9	2	1	4	7
8	1	9	2	7	4	3	5	6
2	5	7	9	6	3	4	8	1
4	6	3	1	8	5	2	7	9
9	2	8	3	5	7	6	1	4
6	3	5	8	4	1	7	9	2
1	7	4	6	2	9	8	3	5

SOLUTIONS

85

8	4	9	2	1	3	6	7	5
7	3	2	4	5	6	8	1	9
1	5	6	8	7	9	4	3	2
9	7	3	1	4	5	2	6	8
6	8	4	9	2	7	3	5	1
2	1	5	6	3	8	9	4	7
3	2	7	5	8	4	1	9	6
5	9	8	3	6	1	7	2	4
4	6	1	7	9	2	5	8	3

86

4	7	8	9	5	1	3	6	2
1	5	9	2	6	3	8	7	4
2	3	6	4	7	8	5	1	9
5	8	2	1	3	7	4	9	6
9	4	3	6	8	2	1	5	7
7	6	1	5	9	4	2	8	3
6	1	5	3	4	9	7	2	8
3	9	7	8	2	5	6	4	1
8	2	4	7	1	6	9	3	5

87

8	7	1	4	9	2	6	5	3
4	2	6	5	3	1	7	9	8
5	3	9	8	6	7	2	4	1
2	9	4	6	7	3	8	1	5
7	1	8	9	2	5	4	3	6
6	5	3	1	8	4	9	7	2
9	8	7	3	1	6	5	2	4
3	6	5	2	4	9	1	8	7
1	4	2	7	5	8	3	6	9

88

1	5	2	9	3	6	8	4	7
6	3	9	4	7	8	1	2	5
7	8	4	1	5	2	3	9	6
4	6	1	3	2	7	5	8	9
9	7	8	6	1	5	2	3	4
3	2	5	8	9	4	6	7	1
2	4	6	5	8	9	7	1	3
8	9	3	7	6	1	4	5	2
5	1	7	2	4	3	9	6	8

SOLUTIONS

89

2	7	6	1	8	3	9	5	4
1	3	9	6	5	4	2	7	8
4	8	5	2	7	9	1	6	3
8	6	2	4	9	5	3	1	7
9	4	7	3	1	2	5	8	6
3	5	1	8	6	7	4	2	9
5	2	3	7	4	6	8	9	1
6	9	8	5	3	1	7	4	2
7	1	4	9	2	8	6	3	5

90

5	2	6	3	8	9	4	7	1
7	1	4	2	5	6	9	3	8
8	3	9	4	1	7	2	6	5
4	9	3	8	2	5	6	1	7
6	5	2	1	7	3	8	9	4
1	7	8	9	6	4	3	5	2
3	6	5	7	4	8	1	2	9
9	8	1	5	3	2	7	4	6
2	4	7	6	9	1	5	8	3

91

1	6	8	9	3	2	4	7	5
4	2	9	6	5	7	8	3	1
3	7	5	4	1	8	2	6	9
7	9	3	8	6	5	1	4	2
6	8	4	7	2	1	5	9	3
5	1	2	3	9	4	7	8	6
2	4	6	1	8	9	3	5	7
8	3	1	5	7	6	9	2	4
9	5	7	2	4	3	6	1	8

92

4	5	1	9	7	6	2	3	8
8	9	2	5	1	3	7	4	6
6	7	3	8	2	4	5	9	1
9	3	4	1	6	5	8	2	7
1	8	7	4	9	2	6	5	3
5	2	6	3	8	7	4	1	9
7	4	9	2	3	8	1	6	5
2	1	8	6	5	9	3	7	4
3	6	5	7	4	1	9	8	2

SOLUTIONS

93

1	3	5	2	6	4	9	7	8
6	8	9	3	7	5	2	4	1
4	2	7	1	8	9	5	6	3
9	5	3	4	1	6	8	2	7
8	6	1	9	2	7	3	5	4
2	7	4	5	3	8	1	9	6
7	4	2	8	9	3	6	1	5
3	1	6	7	5	2	4	8	9
5	9	8	6	4	1	7	3	2

94

7	5	4	9	2	1	6	8	3
2	1	9	6	3	8	7	5	4
3	8	6	7	5	4	9	2	1
9	6	1	5	7	2	4	3	8
5	7	2	4	8	3	1	9	6
8	4	3	1	9	6	2	7	5
4	2	5	3	6	7	8	1	9
1	3	8	2	4	9	5	6	7
6	9	7	8	1	5	3	4	2

95

5	6	1	3	8	9	2	4	7
7	4	3	5	2	1	6	9	8
2	8	9	7	6	4	3	1	5
4	5	7	9	3	8	1	6	2
6	9	8	2	1	5	7	3	4
3	1	2	4	7	6	8	5	9
1	2	4	6	9	7	5	8	3
9	7	6	8	5	3	4	2	1
8	3	5	1	4	2	9	7	6

96

7	5	9	6	2	4	3	1	8
4	3	1	9	7	8	6	2	5
6	2	8	3	1	5	9	7	4
2	6	5	7	8	9	1	4	3
8	1	3	4	5	2	7	9	6
9	4	7	1	6	3	5	8	2
1	7	2	5	4	6	8	3	9
5	9	4	8	3	7	2	6	1
3	8	6	2	9	1	4	5	7

SOLUTIONS

97

8	1	9	7	5	6	3	2	4
4	5	7	2	9	3	8	6	1
2	3	6	8	1	4	5	7	9
7	6	8	4	3	9	2	1	5
5	9	3	1	2	7	4	8	6
1	2	4	5	6	8	9	3	7
6	8	1	9	4	2	7	5	3
3	4	2	6	7	5	1	9	8
9	7	5	3	8	1	6	4	2

98

8	9	3	1	7	5	4	2	6
6	7	2	8	4	9	3	1	5
4	5	1	6	3	2	8	9	7
2	1	6	4	9	3	7	5	8
9	4	7	5	8	1	6	3	2
3	8	5	2	6	7	1	4	9
5	2	8	7	1	4	9	6	3
1	6	9	3	5	8	2	7	4
7	3	4	9	2	6	5	8	1

99

5	6	3	4	1	9	8	2	7
8	4	9	5	7	2	1	6	3
1	2	7	3	6	8	9	5	4
4	9	5	6	2	1	7	3	8
3	7	6	9	8	4	5	1	2
2	1	8	7	3	5	6	4	9
7	5	2	1	9	3	4	8	6
6	8	1	2	4	7	3	9	5
9	3	4	8	5	6	2	7	1

100

1	8	3	7	5	9	2	6	4
4	9	7	6	2	1	3	8	5
6	2	5	3	4	8	9	1	7
2	5	8	4	6	3	7	9	1
3	1	6	5	9	7	4	2	8
7	4	9	1	8	2	5	3	6
8	7	2	9	1	4	6	5	3
9	6	4	8	3	5	1	7	2
5	3	1	2	7	6	8	4	9

SOLUTIONS

101

3	6	5	8	9	1	2	4	7
4	9	8	7	3	2	6	5	1
1	2	7	6	4	5	8	9	3
2	5	4	9	8	3	7	1	6
7	8	6	2	1	4	5	3	9
9	1	3	5	6	7	4	2	8
5	7	9	3	2	6	1	8	4
8	4	2	1	7	9	3	6	5
6	3	1	4	5	8	9	7	2

102

6	9	7	4	8	1	2	5	3
4	8	5	2	3	9	7	1	6
1	3	2	5	7	6	8	9	4
7	5	1	8	9	4	3	6	2
9	2	6	7	1	3	5	4	8
8	4	3	6	2	5	9	7	1
3	7	4	1	5	8	6	2	9
5	1	9	3	6	2	4	8	7
2	6	8	9	4	7	1	3	5

103

4	1	2	8	5	7	6	9	3
5	7	3	6	9	2	8	4	1
8	6	9	4	1	3	2	5	7
7	3	5	9	2	4	1	8	6
9	8	4	1	3	6	7	2	5
1	2	6	5	7	8	9	3	4
3	4	1	7	8	9	5	6	2
2	5	8	3	6	1	4	7	9
6	9	7	2	4	5	3	1	8

104

5	9	8	4	2	1	7	3	6
1	3	2	6	7	5	8	4	9
7	6	4	3	8	9	1	5	2
3	7	5	9	4	8	2	6	1
6	4	1	2	3	7	5	9	8
2	8	9	5	1	6	4	7	3
4	5	3	1	6	2	9	8	7
8	1	6	7	9	4	3	2	5
9	2	7	8	5	3	6	1	4

SOLUTIONS

105

5	7	3	9	8	6	2	1	4
1	6	4	5	3	2	8	7	9
9	8	2	7	4	1	3	6	5
6	2	1	3	5	9	7	4	8
8	3	5	1	7	4	6	9	2
7	4	9	2	6	8	1	5	3
4	5	7	6	2	3	9	8	1
2	1	6	8	9	5	4	3	7
3	9	8	4	1	7	5	2	6

106

2	4	5	9	6	3	7	8	1
6	1	9	8	2	7	5	4	3
7	8	3	1	4	5	9	6	2
9	7	4	6	8	1	2	3	5
1	3	2	7	5	4	8	9	6
8	5	6	2	3	9	1	7	4
3	2	1	4	9	8	6	5	7
5	6	8	3	7	2	4	1	9
4	9	7	5	1	6	3	2	8

107

4	2	1	5	6	7	3	9	8
3	6	5	4	8	9	7	2	1
8	7	9	1	3	2	4	5	6
5	3	7	9	1	6	2	8	4
9	4	6	8	2	5	1	3	7
2	1	8	3	7	4	5	6	9
6	5	4	7	9	3	8	1	2
7	8	2	6	5	1	9	4	3
1	9	3	2	4	8	6	7	5

108

7	4	2	8	9	3	1	6	5
5	9	8	6	4	1	3	7	2
3	1	6	7	5	2	8	4	9
4	2	7	1	8	9	6	5	3
1	3	5	2	6	4	7	9	8
6	8	9	3	7	5	4	2	1
9	5	3	4	1	6	2	8	7
2	7	4	5	3	8	9	1	6
8	6	1	9	2	7	5	3	4

SOLUTIONS

109

1	2	4	9	6	5	3	8	7
8	7	6	1	4	3	2	9	5
9	3	5	2	8	7	6	4	1
3	1	8	4	7	2	5	6	9
4	6	7	5	1	9	8	2	3
2	5	9	6	3	8	7	1	4
5	8	2	7	9	4	1	3	6
6	9	3	8	5	1	4	7	2
7	4	1	3	2	6	9	5	8

110

4	5	8	3	7	6	1	2	9
6	7	1	2	9	8	4	3	5
9	2	3	4	5	1	7	8	6
3	4	7	1	6	5	8	9	2
8	1	2	7	3	9	6	5	4
5	9	6	8	4	2	3	1	7
2	6	4	9	1	3	5	7	8
1	8	5	6	2	7	9	4	3
7	3	9	5	8	4	2	6	1

111

6	5	7	8	9	2	4	1	3
3	9	1	4	7	5	2	6	8
4	2	8	1	6	3	9	7	5
8	6	5	2	4	1	7	3	9
7	1	2	5	3	9	6	8	4
9	3	4	7	8	6	5	2	1
5	7	6	3	1	4	8	9	2
2	8	3	9	5	7	1	4	6
1	4	9	6	2	8	3	5	7

112

5	4	9	6	3	7	2	8	1
6	1	8	2	4	9	7	3	5
2	3	7	5	1	8	9	4	6
7	6	4	9	8	5	3	1	2
8	5	2	1	7	3	4	6	9
3	9	1	4	6	2	8	5	7
4	7	5	3	9	6	1	2	8
1	8	6	7	2	4	5	9	3
9	2	3	8	5	1	6	7	4

SOLUTIONS

113

4	6	8	7	2	3	9	1	5
9	3	7	5	6	1	2	8	4
1	5	2	4	9	8	6	3	7
3	8	1	6	7	2	4	5	9
7	9	5	3	1	4	8	6	2
2	4	6	9	8	5	1	7	3
5	1	9	2	3	6	7	4	8
8	2	4	1	5	7	3	9	6
6	7	3	8	4	9	5	2	1

114

7	5	6	4	2	1	8	9	3
3	2	8	5	9	6	7	4	1
4	9	1	3	7	8	2	6	5
8	1	4	6	3	2	5	7	9
6	3	2	9	5	7	4	1	8
9	7	5	8	1	4	6	3	2
5	6	7	1	8	3	9	2	4
2	8	3	7	4	9	1	5	6
1	4	9	2	6	5	3	8	7

115

1	8	7	4	5	3	9	6	2
3	5	4	6	2	9	7	1	8
9	6	2	7	8	1	3	5	4
5	7	3	1	9	8	2	4	6
2	4	8	5	7	6	1	9	3
6	9	1	3	4	2	8	7	5
7	2	6	9	3	4	5	8	1
4	3	9	8	1	5	6	2	7
8	1	5	2	6	7	4	3	9

116

6	9	8	5	4	3	1	7	2
2	7	4	6	1	8	3	9	5
3	5	1	9	2	7	8	4	6
8	6	9	3	7	4	5	2	1
4	2	5	8	6	1	7	3	9
1	3	7	2	5	9	6	8	4
9	8	2	1	3	5	4	6	7
7	1	3	4	9	6	2	5	8
5	4	6	7	8	2	9	1	3

SOLUTIONS

117

2	3	8	7	6	5	9	4	1
1	9	5	4	2	8	7	6	3
4	7	6	9	1	3	8	5	2
6	1	3	8	7	2	4	9	5
5	4	7	3	9	6	2	1	8
8	2	9	5	4	1	6	3	7
7	6	2	1	3	9	5	8	4
9	8	1	2	5	4	3	7	6
3	5	4	6	8	7	1	2	9

118

9	7	6	3	5	2	1	4	8
3	5	1	4	8	7	2	6	9
4	8	2	6	9	1	7	3	5
7	6	9	8	2	3	4	5	1
5	2	4	9	1	6	8	7	3
8	1	3	7	4	5	9	2	6
2	9	8	5	6	4	3	1	7
6	4	7	1	3	8	5	9	2
1	3	5	2	7	9	6	8	4

119

9	3	8	4	2	7	1	6	5
2	4	5	8	6	1	9	7	3
1	6	7	9	5	3	8	2	4
5	2	4	6	3	9	7	8	1
8	1	3	2	7	5	4	9	6
7	9	6	1	4	8	3	5	2
4	8	2	3	9	6	5	1	7
3	5	1	7	8	2	6	4	9
6	7	9	5	1	4	2	3	8

120

8	2	9	6	1	4	3	7	5
1	6	5	3	2	7	4	8	9
4	7	3	8	9	5	1	6	2
7	9	8	5	4	1	2	3	6
2	3	1	9	8	6	5	4	7
6	5	4	7	3	2	9	1	8
5	4	2	1	6	8	7	9	3
9	1	6	2	7	3	8	5	4
3	8	7	4	5	9	6	2	1

SOLUTIONS

121

3	9	4	5	8	1	2	6	7
2	7	6	9	4	3	8	1	5
8	1	5	6	7	2	9	3	4
7	5	8	1	6	9	3	4	2
9	3	1	8	2	4	5	7	6
4	6	2	3	5	7	1	9	8
5	4	3	2	9	6	7	8	1
1	8	7	4	3	5	6	2	9
6	2	9	7	1	8	4	5	3

122

7	2	3	6	5	1	8	4	9
8	9	4	7	2	3	1	5	6
6	1	5	9	8	4	7	2	3
2	5	1	8	9	7	3	6	4
3	7	9	4	6	5	2	1	8
4	8	6	3	1	2	5	9	7
1	4	8	5	7	6	9	3	2
9	3	2	1	4	8	6	7	5
5	6	7	2	3	9	4	8	1

123

3	9	5	4	8	1	6	7	2
4	6	8	2	7	9	1	5	3
2	1	7	6	3	5	9	8	4
5	3	9	1	2	8	4	6	7
8	2	6	9	4	7	5	3	1
1	7	4	5	6	3	8	2	9
7	5	2	8	1	4	3	9	6
9	4	3	7	5	6	2	1	8
6	8	1	3	9	2	7	4	5

124

5	9	6	8	1	2	7	4	3
3	8	7	5	4	6	2	1	9
2	4	1	9	3	7	8	6	5
8	1	5	7	9	4	6	3	2
4	2	9	6	8	3	5	7	1
6	7	3	1	2	5	9	8	4
1	5	2	3	7	8	4	9	6
9	6	8	4	5	1	3	2	7
7	3	4	2	6	9	1	5	8

SOLUTIONS

125

7	3	4	2	1	5	9	8	6
6	1	5	8	7	9	4	2	3
2	9	8	4	3	6	5	1	7
1	5	2	3	6	8	7	4	9
3	8	9	7	4	2	6	5	1
4	7	6	9	5	1	8	3	2
5	4	1	6	2	7	3	9	8
8	6	3	1	9	4	2	7	5
9	2	7	5	8	3	1	6	4

126

1	4	7	6	3	5	2	8	9
5	9	8	7	2	4	1	6	3
2	3	6	9	8	1	4	7	5
8	7	3	1	5	2	9	4	6
6	5	1	4	9	3	7	2	8
4	2	9	8	7	6	3	5	1
9	8	5	2	1	7	6	3	4
3	6	2	5	4	9	8	1	7
7	1	4	3	6	8	5	9	2

127

7	6	5	1	8	4	9	2	3
8	2	1	3	9	5	6	4	7
3	9	4	7	2	6	8	1	5
9	1	3	5	7	8	4	6	2
6	5	8	4	1	2	3	7	9
2	4	7	6	3	9	5	8	1
4	3	2	9	6	7	1	5	8
5	8	9	2	4	1	7	3	6
1	7	6	8	5	3	2	9	4

128

8	9	4	5	6	3	1	2	7
5	1	3	9	2	7	6	4	8
7	6	2	1	4	8	9	3	5
6	4	7	8	1	2	3	5	9
3	5	1	7	9	4	2	8	6
2	8	9	3	5	6	7	1	4
4	7	5	2	3	9	8	6	1
1	2	8	6	7	5	4	9	3
9	3	6	4	8	1	5	7	2

SOLUTIONS

129

3	5	9	6	4	1	7	8	2
2	4	8	5	7	3	9	1	6
7	1	6	2	9	8	4	3	5
9	7	5	8	1	2	3	6	4
6	2	4	7	3	9	1	5	8
1	8	3	4	5	6	2	7	9
4	6	1	3	2	5	8	9	7
5	3	7	9	8	4	6	2	1
8	9	2	1	6	7	5	4	3

130

7	4	9	1	2	3	5	6	8
8	5	1	4	6	9	2	7	3
2	6	3	8	7	5	9	1	4
9	7	6	5	4	2	8	3	1
1	2	5	6	3	8	4	9	7
4	3	8	9	1	7	6	5	2
5	8	7	2	9	1	3	4	6
6	1	2	3	5	4	7	8	9
3	9	4	7	8	6	1	2	5

131

1	2	6	4	5	8	9	3	7
3	8	4	7	2	9	6	1	5
9	7	5	1	3	6	2	8	4
6	9	8	2	7	4	3	5	1
4	3	1	6	8	5	7	9	2
7	5	2	3	9	1	8	4	6
5	6	3	8	4	7	1	2	9
8	1	9	5	6	2	4	7	3
2	4	7	9	1	3	5	6	8

132

7	1	3	6	8	2	5	9	4
5	6	8	1	9	4	2	7	3
9	2	4	3	5	7	6	1	8
6	7	9	8	3	5	1	4	2
2	8	1	4	6	9	7	3	5
3	4	5	2	7	1	9	8	6
8	9	6	5	1	3	4	2	7
1	5	2	7	4	8	3	6	9
4	3	7	9	2	6	8	5	1

SOLUTIONS

133

9	7	5	3	4	1	2	6	8
3	4	6	2	8	9	7	1	5
2	8	1	7	5	6	3	4	9
8	1	3	6	2	4	9	5	7
4	5	9	1	7	8	6	3	2
7	6	2	5	9	3	4	8	1
5	2	8	4	3	7	1	9	6
6	9	4	8	1	2	5	7	3
1	3	7	9	6	5	8	2	4

134

6	2	7	4	9	8	1	5	3
4	9	3	2	1	5	8	7	6
1	8	5	3	6	7	4	2	9
3	4	2	5	7	1	6	9	8
9	7	6	8	4	3	5	1	2
8	5	1	9	2	6	3	4	7
5	6	9	1	8	2	7	3	4
2	1	8	7	3	4	9	6	5
7	3	4	6	5	9	2	8	1

135

7	3	8	5	4	9	6	2	1
5	1	9	3	6	2	7	8	4
2	6	4	1	8	7	3	9	5
8	9	7	4	2	5	1	3	6
1	4	6	7	9	3	2	5	8
3	5	2	6	1	8	4	7	9
6	8	5	2	3	1	9	4	7
9	2	1	8	7	4	5	6	3
4	7	3	9	5	6	8	1	2

136

3	9	7	4	2	8	5	6	1
5	1	2	9	7	6	4	3	8
8	6	4	5	3	1	9	7	2
1	7	5	2	9	3	6	8	4
2	8	3	6	5	4	7	1	9
6	4	9	1	8	7	3	2	5
7	3	1	8	4	5	2	9	6
4	2	6	7	1	9	8	5	3
9	5	8	3	6	2	1	4	7

SOLUTIONS

137

1	7	8	4	5	6	2	3	9
5	2	9	8	3	1	6	7	4
4	6	3	7	2	9	5	1	8
9	5	7	1	8	4	3	2	6
3	8	1	2	6	5	4	9	7
6	4	2	3	9	7	8	5	1
8	9	6	5	7	3	1	4	2
2	3	4	9	1	8	7	6	5
7	1	5	6	4	2	9	8	3

138

9	5	8	3	2	6	1	7	4
7	3	1	8	5	4	2	6	9
4	2	6	7	9	1	8	3	5
5	1	2	9	6	7	4	8	3
8	6	4	5	1	3	9	2	7
3	9	7	4	8	2	5	1	6
1	7	5	2	3	9	6	4	8
2	8	3	6	4	5	7	9	1
6	4	9	1	7	8	3	5	2

139

3	9	1	4	6	7	5	8	2
2	4	6	8	5	9	1	3	7
7	8	5	3	2	1	9	4	6
9	1	2	7	3	6	8	5	4
8	6	3	1	4	5	7	2	9
4	5	7	2	9	8	6	1	3
1	2	9	6	8	4	3	7	5
5	7	4	9	1	3	2	6	8
6	3	8	5	7	2	4	9	1

140

2	6	3	1	7	5	4	9	8
1	8	5	9	3	4	7	6	2
4	9	7	8	6	2	3	1	5
7	5	2	4	1	8	9	3	6
3	4	6	2	9	7	8	5	1
8	1	9	6	5	3	2	4	7
9	2	1	3	8	6	5	7	4
6	7	8	5	4	9	1	2	3
5	3	4	7	2	1	6	8	9

SOLUTIONS

141

8	9	5	6	4	2	7	3	1
2	4	7	8	3	1	6	9	5
3	1	6	7	5	9	8	4	2
9	5	2	3	8	4	1	7	6
1	7	3	9	2	6	5	8	4
4	6	8	1	7	5	3	2	9
5	8	9	4	1	7	2	6	3
7	2	4	5	6	3	9	1	8
6	3	1	2	9	8	4	5	7

142

6	4	8	3	1	5	9	7	2
1	9	3	7	6	2	4	5	8
5	2	7	8	9	4	3	1	6
7	8	2	5	3	9	6	4	1
9	5	6	4	7	1	8	2	3
4	3	1	2	8	6	5	9	7
8	7	9	1	4	3	2	6	5
3	6	5	9	2	7	1	8	4
2	1	4	6	5	8	7	3	9

143

5	9	2	6	4	3	7	8	1
3	6	8	7	5	1	2	9	4
7	4	1	2	9	8	6	5	3
9	1	5	3	6	7	4	2	8
2	3	7	5	8	4	1	6	9
6	8	4	9	1	2	3	7	5
8	2	6	1	3	9	5	4	7
4	5	3	8	7	6	9	1	2
1	7	9	4	2	5	8	3	6

144

5	3	9	2	8	4	6	1	7
8	2	6	1	7	3	4	5	9
1	7	4	6	5	9	8	3	2
3	4	7	5	9	6	2	8	1
9	5	8	3	2	1	7	4	6
2	6	1	8	4	7	5	9	3
4	1	3	7	6	8	9	2	5
6	8	5	9	3	2	1	7	4
7	9	2	4	1	5	3	6	8

SOLUTIONS

145

1	3	4	2	9	6	8	7	5
2	7	8	1	5	3	6	4	9
5	6	9	7	4	8	3	2	1
7	8	3	9	1	4	2	5	6
6	4	2	3	8	5	9	1	7
9	1	5	6	2	7	4	3	8
4	9	1	8	7	2	5	6	3
8	2	6	5	3	1	7	9	4
3	5	7	4	6	9	1	8	2

146

7	5	6	4	3	9	8	2	1
9	3	8	1	5	2	7	6	4
1	2	4	8	6	7	5	9	3
3	8	9	7	2	5	1	4	6
4	7	2	6	8	1	3	5	9
6	1	5	3	9	4	2	8	7
8	9	7	5	4	3	6	1	2
2	6	1	9	7	8	4	3	5
5	4	3	2	1	6	9	7	8

147

8	4	7	5	9	6	1	3	2
6	3	9	2	1	4	5	7	8
2	1	5	7	3	8	9	4	6
7	6	1	9	4	3	8	2	5
3	8	2	1	7	5	4	6	9
5	9	4	8	6	2	3	1	7
4	7	6	3	5	9	2	8	1
1	5	8	4	2	7	6	9	3
9	2	3	6	8	1	7	5	4

148

8	7	1	3	2	5	6	9	4
5	4	6	7	1	9	2	3	8
9	3	2	6	8	4	1	5	7
1	9	7	8	5	3	4	6	2
6	2	3	1	4	7	9	8	5
4	5	8	2	9	6	7	1	3
3	1	5	9	7	2	8	4	6
7	6	9	4	3	8	5	2	1
2	8	4	5	6	1	3	7	9

SOLUTIONS

149

4	5	2	1	3	6	7	9	8
9	6	7	5	8	4	2	1	3
3	8	1	2	7	9	4	6	5
1	9	5	4	6	8	3	7	2
8	3	4	7	1	2	6	5	9
7	2	6	3	9	5	8	4	1
5	1	3	8	4	7	9	2	6
6	4	8	9	2	1	5	3	7
2	7	9	6	5	3	1	8	4

150

8	2	4	5	6	1	9	3	7
5	7	9	3	8	2	1	4	6
3	1	6	7	9	4	5	8	2
9	6	8	4	7	5	3	2	1
4	3	1	8	2	9	6	7	5
2	5	7	1	3	6	8	9	4
6	4	3	9	1	7	2	5	8
7	8	2	6	5	3	4	1	9
1	9	5	2	4	8	7	6	3

SOLUTIONS

GOLD PUZZLES

More from Gold Puzzles

Bumper Book of Sudoku: Volume 1   979-8551087519
Classic Sudoku: Book 1   979-8552980185
Classic Sudoku: Book 2   979-8555449207

Get your FREE print-at-home puzzle book

subscribe.goldpuzzles.com

www.goldpuzzles.com

www.ingramcontent.com/pod-product-compliance
Lightning Source LLC
Chambersburg PA
CBHW060833220526
45466CB00003B/1094